BAKKALAUREATSARBEIT
GEOWISSENSCHAFTEN

Die Boreale Zone nach der Ökozonalen Gliederung der Erde

Fallbeispiel Alaskas boreale Wälder

VON ANDREA F.

KARL-FRANZENS-UNIVERSITÄT GRAZ

Copyright © 2011 Swopdoc
All rights reserved.
ISBN-13: 978-1725531178
ISBN-10: 1725531178

Vorwort

Die Arbeit wurde im Rahmen der Lehrveranstaltung Landschaftsökologie verfasst. Auf Grund besonderen Interesses meinerseits wurde die Boreale Zone mit dem Fallbeispiel Alaskas gewählt. Die Landschaftliche Schönheit und die Faszination Alaskas haben mich dazu veranlasst mich näher damit zu beschäftigen. Ich war schon immer von der Schroffheit und Härte der Klimate der Borealen Waldländer fasziniert. Die Lebensbedingungen die hier von der Natur gegeben sind, die harten Anforderungen an jedes Lebewesen der Borealen Zone sind beeindruckend.

Inhaltsverzeichnis

Vorwort 3

Zusammenfassung 9

Summery 10

1. Einleitung 11
   1.1. Arbeitsmethodik und Abgrenzung 11
   1.2. Der Begriff „Boreal" 11
2. Die Ökozonale Gliederung der Erde 12
   2.1. Definition 12
   2.2. Gliederung und Verbreitung der Ökozonen 12
   2.3. Die einzelnen Ökozonen in einem kurzen Überblick 13
      2.3.1 Die Polare und subpolare Zone 13
      2.3.2 Die Boreale Zone 15
      2.3.3. Die Trockenen Mittelbreiten 15
      2.3.4. Die Feuchten Mittelbreiten 17
      2.3.5. Die tropisch/subtropischen Trockengebiete 18
      2.3.6. Die Winterfeuchten Subtropen 20
      2.3.7. Die Sommerfeuchten Tropen 21
      2.3.8. Die Immerfeuchten Subtropen 23
      2.3.9. Die Immerfeuchten Tropen 24
3. Die Boreale Zone 25
   3.1. Verbreitung der Borealen Zone 25
   3.2. Gliederung der Borealen Zone 26
   3.3. Das Klima der Borealen Zone 26
   3.4. Reliefenergie, Landformen und Gewässer der Borealen Zone 28
   3.5. Die Böden der Borealen Zone 29
   3.6. Der Permafrost 29
   3.7. Vegetation und Tierwelt der Borealen Zone 30
      3.7.1. Der Boreale Nadelwald 30
         3.7.1.1. Die Borealen Nadelwälder in Eurasien 31
         3.7.1.2. Die Borealen Nadelwälder in Nordamerika 32
      3.7.2. Die Moore der Borealen Zone 32
      3.7.3. Die Tierwelt der Borealen Zone 33
   3.8. Die Rolle der Feuer in der Borealen Zone 34

- 3.9. Erschließung und Landnutzung der Borealen Zone 34
  - 3.9.1. Traditionelle Nutzungsformen 35
  - 3.9.2. Landwirtschaftliche Nutzung 35
  - 3.9.3. Forstwirtschaftliche Nutzung 36
  - 3.9.4. Weitere Nutzungsformen 36
4. Alaska als Fallbeispiel der Borealen Waldländer 37

Zusammenschau 43

Literaturverzeichnis 45

Abbildungsverzeichnis

Abb.1: Die Ökozonale Gliederung der Erde nach Schultz.
Quelle: www.diercke.de/ 13

Abb.2: Antarktis; Foto: © goruma (Dr.Philips);
Quelle:http://www.goruma.de/Laender/ArktisAntarktis/Antarktis/Einleitung
/index.html 14

Abb.3: Steppe in Kasachstan;
Quelle: http://goeast.de/reisen/reiseziele/kasachstan.php 15

Abb.4: Sommergrüner Laubwald;
Quelle: http://www.biblio.tu-bs.de/geobot/virt-exkursion/virtex_armenien.html 17

Abb.5: Sonora Wüste (Mexico);
Quelle: http://www.geo-reisecommunity.de/bild/43259 /USA-Sonora-Wueste 19

Abb.6: Weinbau in mediterranen Gebieten Italiens;
Quelle: http://www.kiaoraweinhandel.de /shop_content.php/coID/33/content/
Italien 20

Abb.7: Die afrikanische Savanne;
Quelle: http://www.lehrer.uni-karlsruhe.de/~za1246/ savanne.htm 21

Abb.8: Lorbeerwald von Los Tilos;
Quelle: http://www.la-palmaaktuell.de/cc/apr2005.shtml, Gerhardts 2004 23

Abb.9: Tropischer Regenwald;
Quelle: http://www.regenwald.org/kids/wald.php 24

Abb.10: Die Verbreitung der Borealen Waldländer
(nach HARE und RITCHIE 1972, LARSEN 1980, VAN CLEVE u.a. 1986, PEWE
1989, TRETER 1993) 25

Abb.11: Klimadiagramme des trockenkalten (1) und des feuchtkalten (2) Klimatyps
nach WALTER und LIETH.
(Nach: SCHULTZ, 1995, S. 156). 27

Abb.12: Seen in Südfinnland; Quelle:http://www.elchteam.de/html/
wanderungen_sudfinnland.html 28

Abb.13: Podsol Bodenprofil;
Quelle: http://www.klett.de 29

Abb.14: *Abies sibirica* (Sibirische Tanne);
Quelle:http://palmenwaeldchen.eu/koniferen/ tanne/abies-
sibirica/prod_54.html 31

Abb.15: *Picea marinara*; Foto © Earl J.S. Rook;
Quelle:http://www.rook.org/earl/bwca/nature/trees/piceamar.html 32

Abb.16: Torfmoor; Foto: © Till Lloyd;
Quelle:http://www.nabu-bielefeld.de programm. htm 32

Abb.17: Alaska; Foto © Jan Richter;
Quelle:http://www.kabeleins.at/doku_reportage/inside_usa/alle_staaten
/artikel/01089/index.php 37

Abb.18: Verteilung der Vegetationszonen Alaskas. Tundra, Borealer Nadelwald,
Küstenwald. Koniferen Wälder findet sich in Gebieten mit einer
Julimitteltemperatur wärmer als 11-12°C
Quelle: http://esp.cr.usgs.gov/research/alaska/ 38

Abb.19: *Picea sitchensis*;
Quelle: http://www.cas.vanderbilt.edu/bioimages/image/p/pisi--wp40715.htm 39

Abb.20: *Heracleum lanatum*;
Quelle: http://www.wnps.org/plants/haracleum_lanatum.html 40

Abb.21: *Phoca vitulina* (Seehund); Foto: © Alex Auer 2008;
Quelle: http://www.naturephoto-cz.eu/phoca-vitulina-picture-8394.html 41

Abb.22: Trans-Alaska-Pipeline; Foto: ©Reuters;
Quelle:http://www.spiegel.de/wirtschaft/0,1518,grossbild-
681410-432092,00.html 42

Zusammenfassung

Die Erde kann in 9 Ökozonen eingeteilt werden. Die sich grundsätzlich durch Klima, Boden und Vegetation unterscheiden. Eine dieser Ökozonen ist die Boreale Zone. Sie ist die einzige Ökozone die nur auf der Nordhalbkugel verbreitet ist, da auf der Südhalbkugel in diesen Breiten die Landmassen fehlen. Die Boreale Zone charakterisiert sich durch die Nadelwälder. Oft wird auch der Begriff Taiga verwendet, der die vorherrschende Vegetation, nämlich den immergrünen Nadelwald bezeichnet. Die Taiga kann in helle und dunkle Taiga unterteilt werden. Wobei die helle Taiga von den Laubwerfenden Bäumen, den Lärchen (*Larix*) dominiert ist und in den kontinentalen Klimaten der Borealen Zone verbreitet ist. Die dunkle Taiga kommt in ozeanischern Klimaten vor und wird durch nicht Laubwerfende Bäume, wie Fichten zusammengesetzt. Weitere charakteristische Vegetation der Borealen Zone sind Torfmoore. Die auch von wirtschaftlicher Bedeutung sind. Ungefähr 66% der Welttorfvorkommen stammen aus diesen Mooren. Auch die Forstwirtschaft ist wichtig für diese Ökozone. Allerdings wird das meiste Holz das aus der Borealen Zone stammt nur für die Papierindustrie verwendet, da die Qualität des Holzes meist nicht so gut ist. Etwa 30% des Holzes stammen aus der Borealen Zone.

Das Klima ist ganzjährig humid, obwohl die Niederschläge eher gering sind. Aber durch die kühlen Temperaturen sind die Niederschläge immer höher als die Verdunstung. Die Winter sind lang und kalt, die Sommer kurz und warm. Die West- und Ostseiten der Kontinente sind durch ein feuchtkaltes und das Landesinnere ist durch ein trockenkaltes Winterklima gekennzeichnet.

Der zonale Boden ist der Podsol. Permafrost ist in diesen Breiten weit verbreitet. Er hat starke Auswirkung auf die Vegetation. Er begünstigt zum Beispiel die Bildung von Mooren, da er für Staunässe sorgt. Außerdem sind die Podsolböden dort wo Permafrost vorherrscht nur noch schwach ausgeprägt.

Alaska ist zum Beispiel zum Großteil von der Borealen Zone bedeckt. Im Kapitel 4 wird Alaska als Fallbeispiel Borealer Waldländer herangezogen.

Summery

The Earth has 9 Ecozones. The Ecozones are an ecological division of the Geosphere. Physical factors such as climate, soils, lamdform, and vegetation are the main factors which characterize an Ecozone. One of these zones is the Boreal zone. The Boreal zone is the only ecozone limited on the Northern Hemisphere. This zone is characterized by Boreal coniferous forest. This forest is also known as *taiga*. The taiga can be division in light and dark taiga. The light Taiga is characterized by larches (*larix*), which loos their needles in winter. Deciduous larches extend over large areas of the interior of Siberia and from the polar tree line for all of Siberia. The dark taiga is characterized by non deciduous conifers, like spruce (*picea*).

Another vegetation type of the Boreal zone are Peat bogs. Peat bogs are very important economy in the Boreal zone. About 66% of the world deposit of peat came form the peat bogs of Borealis. Also forestry is important, but most of the wood is used for paper industry, because the quality of the wood is not really good. About 30% of the wood came from the Boreal forest.

The climate is perennial humid. The precipitations are minor, but above the evaporation. Winters are long and cold, summers are short an warm

The zonal soil is podsol. Permafrost is widespread in these latitudes. Permafrost has strong effects on vegetation and favours the creation of fenlands, because it causes waterlogging. Alaska is for the most part Boreal zone. In chapter 4 Alaska is explained as example case for a Boreal timberland.

1. Einleitung

1.1. Arbeitsmethodik und Abgrenzung

Vorweg muss klargestellt werden das bei dieser Arbeit kein Anspruch auf Vollständigkeit erhoben wird. Eine detaillierte und ausführliche Erarbeitung der Borealen Zone würde den Rahmen einer Bakkalaureatsarbeit sprängen. Zum besseren Verständnis der Thematik wurde in einem allgemeinen Überblick die Ökozonale Gliederung der Erde kurz erwähnt und näher auf die einzelnen Ökozonen der Erde eingegangen. Hauptaugenmerk wurde hierbei auf die Boreale Zone gelegt. Diese wurde im Bezug auf die Verbreitung, das Klima, die Böden, die Vegetation und Tierwelt, die Erschließung und Nutzung sowie auf die Landschaftlichen Besonderheiten, die interne Gliederung und die Rolle des Feuers innerhalb dieser Ökozone genauer beschrieben. Wobei es sich hier keinesfalls um eine vollständige und ins Detail gehende Beschreibung handelt. So wurde nicht auf einzelne lokale und regionale Gegebenheiten eingegangen. Außerdem wurde Alaska als Fallbeispiel eines Borealen Waldlandes in groben Zügen beschrieben.

1.2. Der Begriff „Boreal"

Die Boreale Zone ist die Zone der nördlichen Nadelwälder. In der Literatur wird auch oft der Begriff „Borealis" als Synonym für diese Ökozone verwendet. Der Name leitet sich von „Boreas", der Gottheit des kalten Nordwindes in der griechischen Mythologie ab; „boreal" bedeutet so viel wie „nördlich" (vgl. VENZKE, 2008, S.3). Die Boreale Zone ist nur auf der Nordhalbkugel ausgebildet. Sie beinhaltet das weltweit größte Moorgebiet und ein Drittel der Waldflächen der Erde. Auch der Begriff „Taiga" wird als Bezeichnung für die Boreale Zone herangezogen. Dieser Begriff stammt aus der jakultischen Sprache und bedeutet Wald.

2. Die Ökozonale Gliederung der Erde

Hier soll ein kurzer und sehr allgemeiner Überblick über die Ökozonale Gliederung der Erde nach Schultz gegeben werden. Es wird hier kein Anspruch auf Vollständigkeit erhoben, da dies den Rahmen dieser Bakkalaureatsarbeit sprengen würde.
Bevor die Ökozonale Gliederung der Erde näher beschrieben wird, wird versucht eine Definition zu Ökozonen zu geben. Des Weiteren soll die Gliederung und Verbreitung kurz beschrieben werden.

2.1. Definition

Ökozonen sind Großräume er der Erde, die sich durch jeweils eigenständige Klimagenese, Morphodynamik, Bodenbildungsprozesse, Lebensweisen von Pflanzen und Tieren sowie Ertragsleistungen in der Agrar- und Forstwirtschaft auszeichnen. (SCHULTZ, 1995, S. 11)
Demnach unterscheiden sie sich deutlich nach den Bodentypen, den Landformen, den jährlichen und täglichen Klimagang, den Pflanzenformationen, den Biomen sowie der agrarischen und forstwirtschaftlichen Nutzung.

2.2. Gliederung und Verbreitung der Ökozonen

Die Erde lässt sich nach dem Model von Schultz in 9 Ökozonen teilen, wobei nur der Festlandbereich der Erde berücksichtigt wird und die marinen Ökozonen ausgeschlossen bleiben.
Wird nur mit 9 Zonen gearbeitet, so muss sehr viel von der geographischen Realität ausgeblendet werden. Daher sind die Ökozonen sehr stark modellhaft zu sehen und nicht als Realität, da diese viel komplexer ist.
Bei Ökozonen geht es um ein naturräumliches Ordnungsmuster, es soll versucht werden die gesamte Erde in Zonen einzuteilen. Das Model der Ökozonen soll erste Informationen über Faktoren geben die sich wirklich zonal ändern. Dazu zählen z.B. die Strahlungsintensität, die Globale Zirkulation, die hygrothermischen Bedingungen, das Relief und die Morphodynamik, die Böden und die Gewässer.

Die Verbreitung der Ökozonen auf der Erde ist breitenabhängig und gewöhnlich disjunkt auf die Kontinente verteilt. Die Abbildung 1 zeigt die ökozonale Gliederung der Erde im Überblick. Man findet alle Ökozonen, außer der Borealen Zone, sowohl auf der südlichen als auch auf der nördlichen Hemisphäre. Die boreale Zone kommt jedoch nur auf der nördlichen Hemisphäre vor, auf der südlichen Halbkugel fehlen die Landmassen in diesen Breiten.

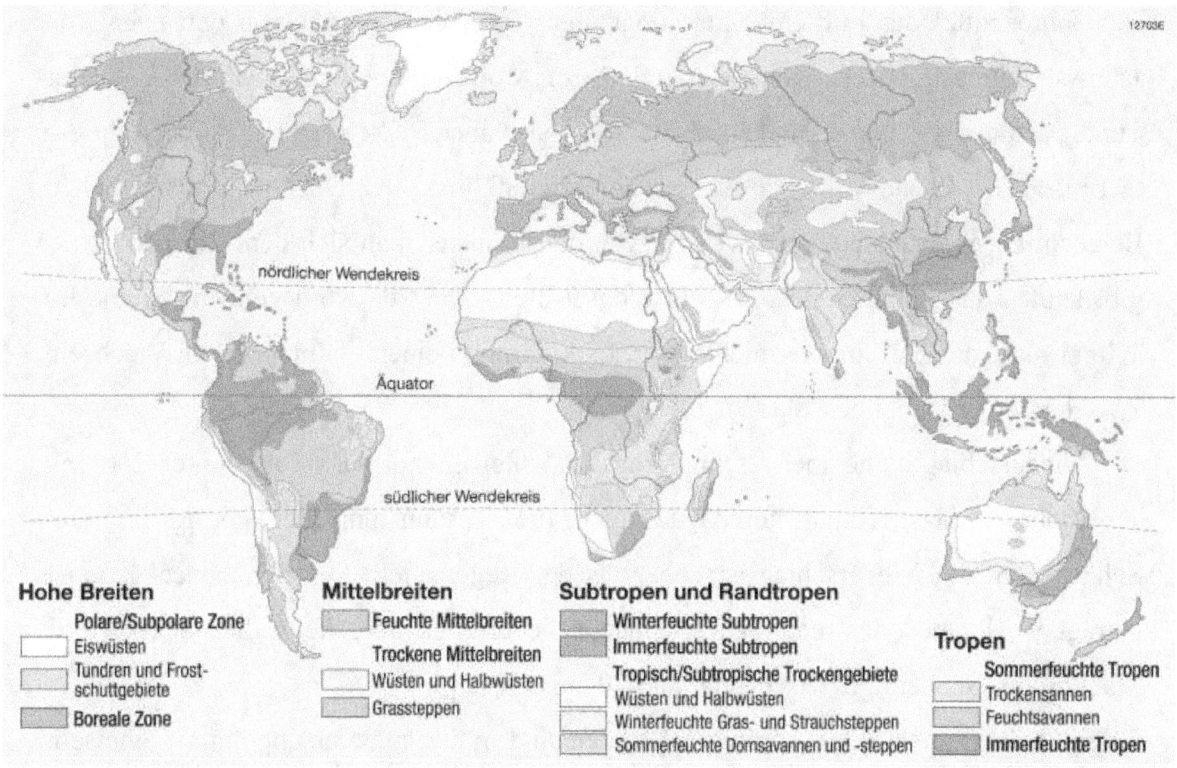

Abb.1: Die Ökozonale Gliederung der Erde nach Schultz. Quelle: www.diercke.de/

2.3. Die einzelnen Ökozonen in einem kurzen Überblick

2.3.1 Die Polare und subpolare Zone

Sie ist bipolar Verbreitet. Auf der Südhalbkugel ist sie in Form der Antarktis vertreten und auf der Nordhalbkugel in Form der Arktis. Die Gesamtfläche umfasst 22 Mio ^{2}, davon fallen 14 Mio km^2 auf die Antarktis.

Die Antarktis ist ein riesiger vergletscherter Kontinent und bis zu 4000m hoch. Die Arktis ist hingegen ein Meeresbecken mit einer Inselgruppe nördlich von Amerika und erreicht eine Tiefe von bis zu 4000m.

In etwa Dreiviertel der Fläche sind ständig mit Eis bedeckt und gehören somit zu den polaren Eiswüsten, diese umfassen fast die gesamte Antarktis. Die Arktis hingegen ist fast eisfrei, mit Ausnahme von Grönland und einigen weiteren polaren Inseln. Die eisfreien Flächen der Arktis können in Frostschuttzone und Tundra unterteilt werden. Die Tundren bedecken auf der auf der Nordhalbkugel eine Fläche von knapp 5 Mio km^2, die Frostschuttgebiete von gut 1 Mio km^2, auf der Südhalbkugel fehlen beide fast ganz (nur 0,01 bzw. 0,03 Mio km^2) (SCHULTZ, 1995, S. 97).

Das Jahresmittel der Lufttemperatur liegt unter 0°C, dies kommt von den negativen Jahresstrahlungsbilanzen. Kein Monat hat ein Monatsmittel von über 10°C. In der Tundra kann das Monatsmittel für 1 bis 3 Monate über 5°C erreichen. Es herrscht ein thermisches und solares Jahreszeitenklima. Die tageszeitlichen Beleuchtungsunterschiede sind weniger wichtig, je näher man sich dem Pol nähert. Es gibt keinen ausgeprägten Tag-/ Nachtwechsel mehr. Bei 70° Nord geht die Sonne im Winter nicht auf, im Sommer nicht unter. Es kommt zu einem halbjährlichen Wechseln zwischen Polarnacht und Polartag.

Die Niederschläge sind meist sehr gering und bleiben normalerweise unter 200mm. Trotzdem ist das Klima humid, da auch die Verdunstung der gering ist. Der Schneeanteil am Niederschlag ist höher als der Regenanteil. Die Schneedeckendauer beträgt 9 Monate oder mehr. Die Schneedecke erreicht aber keine besonders Hohe Mächtigkeit, sie beträgt zwischen 20 und 30 cm.

Es gibt kaum zonale Böden. Vernässte Böden sind in der polaren/subpolaren Zone sehr häufig. Aufgrund des langsamen Abbaus des Bestandesabfalls ist der Boden im Allgemeinen sehr humusreich aber nährstoffarm (besonders Stickstoffarm). Der häufigste Bodentyp der in diesen Breiten vorkommt ist der **Gelic Gleysol** (Tundragley-Boden). Der Frost hat massive Wirkungen auf die oberen Bodenschichten, Bodenoberfläche und die Vegetationsdecke.

Die Vegetation ist sehr artenarm. Es dominieren Sauergräser, Wollgräser, Moose, Flechten, Zwergbirken sowie Zwergweiden. Die Artenzahl und der Bedeckungsgrad nehmen polwärts ab. Da die Vegetationsdecke sehr gering ist haben Abtragungsprozesse eine sehr hohe Effizienz Die Tierwelt ist im Hinblick auf

Abb.2: Antarktis; Foto: © goruma (Dr.Philips); Quelle:http://www.goruma.de/Laender/ArktisAntarktis/Antarktis/Einleitung/index.html

die Biomasse sehr bedeutend. Zu den typischen Tieren gehören Rentiere, Lemminge, Eisbären (nur Arktis), Schneehühner, Eulen, Moschusochsen, Pinguine (nur Antarktis) und vor allem Vögel. Die Tiere spielen eine sehr große Bedeutung bei der Zersetzung der Phytomasse, da die Destruenten schon fast gänzlich inaktiv sind.

Die Landnutzung ist sehr gering. Es gibt keinen Ackerbau. Es gibt halbnomadische und nomadische Rentierhaltung, Fisch- und Robbenfang, Bergbau und Jägerei. Durch Frostwechselvorgänge kommt es zu Problemen beim Haus- und Straßenbau, der Wasserversorgung und Abfallbeseitigung.

2.3.2 Die Boreale Zone

Die Boreale Zone soll hier nur kurz behandelt werden und wird im Kapitel 3 vertieft.

Die Boreale Zone ist nur auf der Nordhalbkugel ausgebildet, da auf der Südhalbkugel in diesen Breiten die Landmassen fehlen. Es ist ein humider Klimatypus mit einer kalten Jahreszeit und einem kurzen Sommer. Die Schneemassen sind sehr hoch. Die Streuauflage ist sehr mächtig. Die Böden neigen zur Auswaschung (Podsolierung). Der zonale Boden ist der **Podsolboden**. Permaforst ist weit verbreitet. Zonaler Vegetationstyp sind Nadelwälder. Taiga ist der Fachbegriff für Borealen Nadelwald. Häufig sind auch Torfmoore. Wechselfeuchte Landtiere fehlen komplett. Andere Tiere wie z.B. Bären brauchen sehr lange Winterruhen. Mache verlassen im Winter auch das Gebiet. Wichtigste Wirtschaftszweige sind Holznutzung und Torfabbau. Andere Nutzungsformen sind die Jagd und Pelzwirtschaft

2.3.3. Die Trockenen Mittelbreiten

Zu den Trockenen Mittelbreiten gehören große Teile Zentralasiens und die Steppen Südosteuropas(z.B. Ukraine, Turan, Kasachstan, Sinkiang, Tibet, Gobi, Mongolei), der Mittlere Westen von Nordamerika (Prärien Nordamerikas – Saskatchewan, Alberta in Kanada, Great Plains, das Große Becken in den USA bis Arizona und Texas). Auf der Südhalbkugel erstrecken sich die Trockenen Mittelbreiten lediglich in Ostpatagonien, Pampa in Argentinien und auf

Abb.3: Steppe in Kasachstan; Quelle: http://goeast.de/reisen/reiseziele/kasachstan.php

einem sehr kleinen Gebiet auf der Südinsel Neuseelands.

Die Trockenen Mittelbreiten bedecken in etwa 16,4 Mio km² oder 11% des Festlandes der Erde.

Die Trockenen Mittelbreiten besitzen eine sehr ausgeprägte kontinentale Lage. Der Klimatypus weist eine humide und eine aride Jahreszeit auf. Die aride Jahreszeit ist die Warmzeit. Die Winter sind sehr kalt (kältester Monat mit $t_m < 0°C$) und haben für einige Tage bzw. Monate eine Schneedecke. Die Sommer hingegen sich heiß, die Einstrahlung ist sehr hoch. Die Mittleren Monatstemperaturen übersteigen 20°C.

Es kann eine klimatische Unterteilung der Trockenen Mittelbreiten vorgenommen werden. Die Unterteilung wird anhand der regional unterschiedlichen Dauer der feuchtwarmen Zeit vorgenommen. Es lassen sich dann wintermilde und winterkalte **Steppenklimate** mit jeweils 2 bis $5^1/_2$ Monaten Vegetationsperiode sowie wintermilde und winterkalte **Wüsten- und Halbwüstenklimate** mit jeweils weniger als 2 Monaten Vegetationsperiode unterscheiden (SCHULTZ, 1995, S.256).

Die Sommer wiesen so wenig Niederschläge auf, das Waldwachstum von Natur aus nicht mehr möglich ist. Die Jahresniederschläge der Steppenklimate betragen bis zu 600 mm, die Jahresniederschläge der Wüsten- und Halbwüstenklimate hingegen nur bis zu 250mm.

Das Verbreitungsgebiet der Steppe ist von der Ukraine bis weit in die Mongolei, auch die Prärien Nordamerikas und die Pampa in Argentinien gehören zu den Steppenklimaten.

Wüsten- und Halbwüstenklimate erstrecken sich im Gebiet der Kaspischen Niederungen und Kasachstan, von Anatolien bis Afghanistan; Great Bassin und Colorado-Plateau, Patagonische Halbwüste, in Mittelasien (Karakum), Innerasien (Mongolei) und Teile N-Amerikas (Mohave), sowie Tibet und Pamir.

Die Steppe ist eine grasreiche Pflanzenformation ohne oder sehr lückenhaften Baumwuchs. Gräser und Kräuter dominieren. Man unterscheidet zwischen Walsteppen und Langgras-Feuchtsteppen, sowie Trocken-Kurzgrassteppen und Wüsten-Halbstrauchsteppen. Bei der Walssteppe wird der Baumwuchs immer lückenhafter und kontrahierter. In Langgras-Feuchtsteppen sind Waldinseln auf Mulden mit Grundwasser beschränkt und die Gräser erreichen eine Höhe von bis zu 60 cm. Trocken-Kurzgrassteppen sind Waldlos, die Gräser sind niedriger und mehr als 6 Monate sind arid. Wüsten- und Halbwüstensteppen weisen überwiegend einen lückenhaften oder fehlenden Bestand an Vegetation auf. Meist besteht die Vegetation aus holzigen

Sträuchern bzw. Bäumen und Hemikryptophyten mit stark xeromorhen Merkmalen wie z.B. Verhärtung oder Behaarung der Blätter.

Ursprünglich gab es viele Großwildherden, wie Bisons, Trapane, Saiga-Antilopen u.a., die heute fast vollständig ausgerottet sind. Nagetiere, Ziesel, Ameisen sind häufig und haben starken Einfluss auf die Vegetation.

Die Böden sind in der Steppe äußerst Humusreich. Die gesamte Pflanze stirbt im Herbst ab, da die Zersetzung der Negromasse sehr langsam vor sich geht fällt sehr viel Streu an. Die häufigsten zonalen Böden sind: Grauer Waldboden, Schwarzerden, Wüstenbraunerden und Böden mit Sodaverbrackung (Vertikalverfrachtung der Huminsäuren durch Salz, auch Solonzierung).

Feucht- und Trockensteppen werden nahezu vollständig agrarisch genutzt, erstere durch großbetrieblichen Getreideanbau und letztere durch extensive Weidewirtschaft. Ökologische Probleme gibt es vor allem mit Monokulturen in den Steppenzonen. Vor allem der Weizenanbau ist stark verbreitet. Die USA und Kanada haben 60% des Weltweiten Weizen Exportes. Das Dry-Farming-System ist weit verbreitet, es besteht Gefahr der Desertifikation.

2.3.4. Die Feuchten Mittelbreiten

Die Feuchten Mittelbreiten sind gut auf der Nordhalbkugel entwickelt. Auf der Südhalbkugel gibt es nur kleinere Vorkommen. West-, Mittel- und Osteuropa, das östliche Nordamerika sowie Teile von Ostasien zählen beispielsweise zu den Feuchten Mittelbreiten. Die Breitenlage variiert unter Einfluss kalter und warmer Meeresströmungen geringfügig. An den Westseiten der Kontinente sind die Feuchten Mittelbreiten zwischen 40° und 60° ausgeprägt, an

Abb.4: Sommergrüner Laubwald; Quelle: http://www.biblio.tu-bs.de/geobot/virt-exkursion/virtex_armenien.html

den Ostseiten der Kontinente zwischen 35° und 50°. Alle Teilvorkommen umfassen rund 15 Mio km² oder 10% der Festlandfläche (vgl. SCHULTZ, 1995, S. 196).

Die feuchten Mittelbreiten besitzen einen sehr ausgeprägten Jahresgang der Temperatur. Es gibt einen Jahreszeitenwechsel mit 4 unterschiedlichen Perioden, nämlich Frühling, Sommer, Herbst und Winter. Die winterliche Abkühlung bzw. die sommerliche Erwärmung ist geringer als in den nördlichen bzw. südlich anschließenden Ökozonen.

Die thermischen Verhältnisse der Feuchten Mittelbreiten lassen sich daher als „gemäßigt" oder „temperat" einstufen.

Unbeständige Witterungen und Wechselhaftigkeit sind typisch für diese Ökozone. Das Witterungsgeschehen ist meist advektiv bestimmt. Es gibt einen Wechsel zwischen Hochdruck und Tiefdruckgebieten.

Es bestehen ganzjährig humide Bedingungen, somit gibt es keine markanten jahreszeitlichen Niederschlagsschwankungen. Der Jahresniederschlag beträgt 500 – 1000 mm. Ein Teil des Niederschlags geht im Winter teilweise als Schnee nieder.

Die Feuchten Mittelbreiten lassen sich in 3 Gruppen unterscheiden. Zum Einem in Gebiete mit kühlen Sommer und milden fast frostfreien Wintern. Diese weisen einen ozeanisch geprägten Klimacharakter auf. Zum Anderem in Gebiete mit heißen Sommern und strengen Wintern. Diese sind sehr kontinental geprägte Klimate. Die dritte Gruppe bildet der Übergangsbereich zwischen den beiden erst genannten.

Die Vegetation zeichnet sich durch den sommergrünen Laubwald aus. Im Herbst gibt es einen obligaten Laubwurf, dieser wird hauptsächlich durch die abnehmenden Tageslängen ausgelöst. Im Winter stellen die Pflanzen die Photosynthese ein, im Boden werden die chemischen Prozesse verlangsamt. Im Frühling beginnt die Blüte, der Boden erwärmt sich rasch, es bildet sich Humus. Im Sommer kommt es zu Stresssituationen der Pflanze, da sie unter dem Schatten des Laubwaldes an Lichtmangel leiden.

Die Böden sind sehr jung, sie sind meist in der Eiszeit entstanden. Die edaphischen Bedingungen sind sehr günstig. Mull und Moder sind sehr gut ausgeprägt, außerdem ist die Bondenversauerung selten. Es gibt sehr ausgeprägte A und B Horizonte. Den zonalen Boden bildet der braune Waldboden.

Da die Pflanzendecke grundsätzlich geschlossen ist, ist der Boden gut stabilisiert und es gibt wenig Erosion.

Sehr hohe Anteile der Feuchten Mittelbreiten sind agrarisch und forstwirtschaftliche genutzt. Die Landwirtschaft ist geprägt durch flächenhafte und kapitalintensive mittel- bis kleinbetriebliche Bewirtschaftungsformen. Vorherrschende Nutzpflanzen sind Getreide (Weizen, Hafer, Roggen, Gerste, Mais), Hackfrüchte wie Kartoffeln und Zuckerrübe, Ölpflanzen (v.a. Raps) und Obst (Äpfel, Birnen).

2.3.5. Die tropisch/subtropischen Trockengebiete

Dieses Gebiet umfasst die großen Trockenräume der Erde. Dazu zählen die Sahara, Namib und Karoo in Afrika; Sinai und die Arabische Wüste in Asien; die Wüsten in den

USA und Mexico z.B. Sonora; das innere des australischen Kontinents, das mehr oder weniger Halbwüstenhaft ist und die Trockendiagonale in Südamerika z.B. Peruanisch-chileniche-Küstenwüste (Atacama). Die Gesamtfläche beläuft sich auch 31,2 Mio km² oder 20,9% der Festlandfläche der Erde (SCHULTZ, 1995, S.312).

Abb.5: Sonora Wüste (Mexico); Quelle: http://www.geo-reisecommunity.de/bild/43259/USA-Sonora-Wueste

In den Trockengebieten herrscht ein deutlicher Jahresgang der Temperatur. In der Regel ist es frostfrei. Grundsätzlich gibt es sehr hohe Tagesschwankungen, aufgrund der hohen Einstrahlung am Tag und er hohen Ausstrahlung in der Nacht, da fast keine Wolken vorhanden sind. Luftfeuchtigkeit und Bewölkung sind in allen Tropischen/subtropischen Trockengebieten sehr gering. Die Jahresniederschläge sind sehr gering, sie betragen in etwa 0 bis 250 mm. Dies ergibt ganzjährig aride Verhältnisse. Die Regenarmut ist vor allem eine Konsequenz der Breitenlage (10°-35°). Die meisten großen Trockengebiete der Erde liegen nördlich und südlich des Wendekreises. Im Bereich des subtropischen-randtropischen Hochdruckgürtels. Ausnahmen bilden die weiter äquatorwärts reichenden Küstenwüsten in Südwestafrika und im westlichen Südamerika. Hier sind kalte Meeresströmungen ausschlaggebend.

Die Bodenetwicklung ist grundsätzlich verzögert und sehr gering bzw. fehlend. Der Streuanfall auf den Boden ist sehr gering, die Zersetzung ist aber auch sehr langsam. Der Wind bewirkt eine Umlagerung von Boden- und Gesteinsmaterial. Vorwiegend findet man Rohböden (Lithosole). In subtropischen Wüsten findet man kauf zonale Böden. In semiariden Gebieten spielt der Wasserhaushalt bei der Bodenentwicklung eine große Rolle. Oberflächenformende Prozesse wie Deflation durch Wind (Dünen) oder die Bildung von Gebirgsfußflächen durch flächenhafte Abspülung sind sehr wichtig.

Man kann zwischen diffuser Vegetation und kontrahierter Vegetation unterscheiden. Erst genanteres zeichnet sich durch einen weiten Abstand zwischen den Pflanzen und durch ein extrem großes Wurzelsystem aus. Dies ist typisch für Halbwüsten. Die kontrahierte Vegetation weist fast keine Vegetation mehr auf. Außer in Senken können di Pflanzen den Grundwasserstock erreichen. Hier stehen die Pflanzen sehr nahe beieinander. Dieser Typus ist für die Vollwüste charakteristisch. Die Pflanzen haben sich an die harten Bedingungen der Wüste angepasst. Allgemein unterscheidet man zwischen Sukkulenten und Xerophyten. Sukkulenten speichern das Wasser im Blatt, Stamm oder der Wurzel. Die Anpassungsstrategie von Xerophyten bezieht sich darauf die Transpiration einzuschränken. Hauptsächlich geschieht dies durch eine verdickte Blattoberfläche, kleinere Spaltoberflächen, Laubfall in der Trockenheit, große Wurzelsysteme und Bildung von Dornen.

In allen großen tropischen/subtropischen Trockengebieten findet man Steinwüsten, Kieswüsten, Sandwüsten, Trockentäler, Tonwüsten, Salzwüsten und Oasen vor.

Die Tierwelt in Wüstengebieten ist sehr eingeschränkt. Typisch sind Geozonten, diese leben in Bodenholräumen, und die Tiere der in den Wüstenlebenden Nomadenvölkern, wie z.B. Kamele.

Grundsätzlich ist die Landnutzung gering, es werden nur Oasen intensiv genutzt. Es wird aber auch Regenfeldbau betrieben, z.B. in Teilen des afrikanischen Sahel. Dies erfolgt durch den Anbau von wasseranspruchslosen Nutzpflanzen (manche Hirsearten oder Erdnüsse). Die Weidewirtschaft wird in Form von Hirtennomadismus betrieben.

2.3.6. Die Winterfeuchten Subtropen

Die Winterfeuchten Subtropen bilden mit nur 2,7 Mio km^2 oder 1,8% Anteil an der Festlandfläche die kleinste Ökozone. Die Vorkommen sind sehr zerstückelt und finden sich etwa zwischen 30° und 40° geographischer Breite auf beiden Hemisphären und sind jeweils nur auf der Westseite der Kontinente ausgeprägt (vgl. SCHULTZ, 1995, S. 331). Zu den Winterfeuchten Subtropen zählen das

Abb.6: Weinbau in mediterranen Gebieten Italiens; Quelle: http://www.kia-oraweinhandel.de/shop_content.php/coID/33/content/Italien

europäusch-nordafrikanische Mediterrangebiet, Kalifornien, Mittelchile, die Kapprovinz in Südafrika und küstennahe Teile West- und Südaustraliens.

Es gibt ausgeprägte thermische Jahreszeiten und geringere tageszeitliche Temperaturgegensätze. Es herrscht ein alternierendes Klima. Während des Sommers befinden sich die Winterfeuchten Subtropen unter Einfluss der subtropisch-randtropischen Hochdruck gebiete und im Winter liegen sie im Einflussbereich der Westwindzone. Es gibt einen Wechsel zwischen humider und arider Jahreszeit. Die

Regenzeit fällt auf den Winter und die Trockenzeit auf den Sommer. Die Niederschlagssummen betragen ca. 500 bis 1000 mm pro Jahr.

Die Böden sind meist intensiv gefärbt und weniger mächtig als in den Tropen. Im Allgemeinen sind die Böden nicht erosionsgefährdet, aber da viele Gebiete in Gebirgen liegen spielt Erosion dennoch eine Rolle. Der zonale Boden ist der trockene braune Waldboden (= mediterrane braune Waldboden). Ein häufig vorkommender azonaler Boden ist der Terra rossa. Die Böden weisen durchwegs einen Mangel an Phosphor und Stickstoff auf. Grundsätzlich gibt es aber günstige Bodenbedingungen. Die Bedingungen reichen für Trockenfeldbau mit geringeren Erträgen aus. Um höhere Erträge zu erwirtschaften ist Bewässerung nötig. Die Landnutzung ist sehr stark von Ackerbau geprägt. Dauerkulturen mit Wein, Ölbäumen, Pfirsichen, Mandeln, Feigen und Zitrusfrüchten sind typisch. Es gibt auch Bewässerungskulturen von Reis, Zuckerrohr, Baumwolle und Mais. Im Winter wird oft Weizen angebaut. Die Weidenutzung beschränkt sich weithin auf die Bergländer. Ziegen und Schafe sind typische Weidetiere.

Ohne menschlichen Einfluss sollte es überall Wald geben. Ursprünglich gab es immergrüne Hartlaubwälder. Der Hartlaubwald ist bis heute fast verschwunden. Macchie und Garrigue sind nun weit verbreitet.

2.3.7. Die Sommerfeuchten Tropen

Sie erstrecken sich zwischen den äquatorialen Regenwäldern und den Tropisch/subtropischen Trockengebieten an den Wendekreisen. Es ist schwer eine eindeutige Abgrenzung nach Außen zu finden, da die Vegetation, teils anthropogen bestimmt, sehr unterschiedlich ist. Daher berechnet sich der Anteil an der festen Erdoberfläche auf 15% bis 25%. Zum Verbreitungsgebiet zählen z.B. ein Großteil von Mittelamerika, Teile von Venezuela, große Teile des brasilianischen Schildes, zwei breite Streifen in Afrika jeweils nördlich und südlich des Äquators, der Großteil Indiens, Nordaustralien.

Abb.7: Die afrikanische Savanne; Quelle: http://www.lehrer.uni-karlsruhe.de/~za1246/savanne.htm

Bei den Temperaturverhältnissen ist ein leichter Jahresgang erkennbar. In der Regel ist es frostfrei, vereinzelt sich dennoch leichte Fröste möglich. Die Sommerfeuchten

Tropen liegen zwischen der äquatorialen Tiefdruckrinne und den subtropischen-randtropischen Hochdruckgürtel. Es gibt eine Regenzeit und eine Trockenzeit, mindestens 3 Monate sind arid. Die Niederschlagsverhältnisse sind streng saisonal. Niederschläge fallen innerhalb von $4^1/_2$ bis $9^1/_2$ Monaten. Daher ergibt sich ein Vegetationstypus der Trockensavannen und Feuchtsavanne. Gibt es weniger als 7 Regenmonate kommt die Trockensavanne vor mit 500 bis 1000 mm Jahresniederschlag. Bei mehr als 7 Regenmonaten kommt die Feuchtsavanne vor mit 1000 bis 1500 mm Jahresniederschlag.

Zonale Böden sind die Ausnahme. Die bedeutenden zonalen Böden sind tiefgründige **Ferrasole** ohne Hartschichten. Azonle Böden sind weit verbreitet. Häufig sind Böden mit Hartschichten, die besonders in der Trockenzeit eine starke Ausprägung aufweisen. Am häufigsten sind **Ferricrete**. Diese Hartschichten haben massive Auswirkungen auf den Wasserhaushalt. Der Regen der auf diese harten Deckschichten fällt kann nicht in den Boden eindringen. Das Resultat ist Staunässe in der Regenzeit und geringe Wasservorräte in der Trockenzeit. Des Weiteren bewirkt der Regen eine flächenhafte Abtragung und Einebnung der Landschaft.

Die Savanne wird mit dieser Ökozone assoziiert. Die Savanne ist allerdings der azonal vorkommende Vegetationstyp. Zonal findet man laubwerfende Wälder vor, diese sind allerdings sehr selten da zonale Böden selten vorkommen. Der Laubwurf wird durch die Trockenzeit ausgelöst. Meist findet man eine geschlossene Grasdecke und Unzusammenhängende Baum- und Strauchschichten vor. Das Gras verdorrt in der Trockenzeit und es kommt zu Laubfall. Trockenzeitliche Gras- und Buschfeuer sind häufig.

Es wird wenig Streu geliefert, die Destruentenaktivität ist eingeschränkt und die Zersetzung verläuft langsamer. Die Böden sind humusreicher und stabiler als in den Inneren Trope, aber weniger mächtig.

Die Savanne bildet das Landökosystem mit der höchsten Zoomasse. Zahlreiche Herdenliebende Huftiere nutzen als Pflanzenfresser die produktiven Savannen. Wichtigste Destruentengruppe sind die Termiten, sie sind vor allem für Bodenbildung und Holzabbau von Bedeutung.

Die agrarische Nutzung wird von den relativ hohen Niederschlägen begünstigt, die Bodenverhältnisse sind allerdings weniger günstig. Traditionell ist kleinbetrieblicher Regenfeldbau in Form einer Landwechselwirtschaft üblich. Hier hat die Eigenproduktion einen hohen Anteil. Bewässerungsanbau ist in dicht besiedelten Räumen verbreitet. Viehhaltung in Verbindung mir Ackerbau ist häufig.

2.3.8. Die Immerfeuchten Subtropen

Die Verbreitung ist sehr fragmentiert. Die einzelnen Vorkommen verteilen sich auf 5 Kontinente. Die Breitanlage der Immerfeuchten Subtropen ist von 25° bis 35°. Diese Ökozone ist nur auf den Ostseiten der Kontinente Ausgeprägt. Die Gesamtfläche beträgt etwa 6,1 Mio km^2 bzw. 4,1% Festlandanteil. Zum Verbreitungsgebiet zählen z.B. das südöstliche Nordamerika, Teile Brasiliens, Argentinien, die östliche Kapprovinz in Südafrika, Ostasien (S-China. S-Korea, S-Japan) Teile von New South Wales und S-Queensland in Australien.

Abb.8: Lorbeerwald von Los Tilos; Quelle: http://www.la-palma-aktuell.de/cc/apr2005.shtml, Gerhardts 2004

Es gibt ein ausgeprägtes Jahreszeitenklima und bereits Monate mit Frost. Es ist ein ganzjährig humides Klima. Das Niederschlagsmaximum fällt auf den Sommer, winterliche Niederschläge können in küstenfernen Gebieten so weit abfallen, dass subhumide bzw. semiaride Bedingungen herrschen. Die zonalen Böden sind Rot- und Gelberden. Der B-Horizont ist der Anreicherungshorizont für Eisen und Aluminium. Es kommt zu sauren Bodenreaktionen. Die Bodenfruchtbarkeit ist gering wird aber durch Düngung angehoben.

Die Potentielle Vegetation ist der immergrüne Lorbeerwald. Der Wald ist sehr artenreich, und hart mehrere Stockwerke. In den regenreichsten, meist küstennahen, Gebieten gibt es üppige mehrschichtige Regenwälder. Ansonsten kommen noch halbimmergrüne Feuchtwälder und teilweise Hochgrasfluren vor.

Die Nettoprimärproduktion ist sehr hoch, fast so wie in den tropischen Regenwäldern. Die agrarische Nutzung profitiert von tropisch-warmen Sommertemperaturen und reichlich Niederschlägen. Vorherrschende Nutzpflanzen sind z.B. Sorghum, Erdnüsse, Reis, Soja, Baumwolle, Tabak, u.a. In Asien ist der Reisanbau Landschaftsprägend, währen in den USA die Plantagenwirtschaft der wichtigste Faktor ist (v.a. Tabak und Baumwolle). Diese traditionelle Kulturlandschaft der USA hatte bis in die 50er Jahre des letzten Jahrhunderts große Bedeutung, es bildeten sich mehrere Belt Systeme heraus (z.B, Cotton Belt, Subtropical Crops Belt). Diese Belt Systeme sind heutzutage aber vollkommen aufgelöst. In Argentinien haben sich Ackerbau und Viehwirtschaft bewährt.

2.3.9. Die Immerfeuchten Tropen

Dies sind die äquatornahen Teile der Tropen. Sie liegen in einer Breitenlage zwischen 10° N und 10° S. Die Gesamtfläche beträgt 12,5Mio km^2 bzw. 8,3% Anteil an der Festlandfläche (vgl. Schultz, 1995, S. 451). Verbreitungsgebiete sind z.B. das Amazonasbecken und Teile Zentralamerikas, das Kongo-Becken, das küstennahe Westafrika und NE-Teil Madagaskars sowie Südostasien und die Große Sudaninsel.

Ganzjährig herrschen sehr hohe Temperaturen und Schwüle, es herrscht fast keine Jahresschwankung. Trotz kurzer Tage ist die Sonneneinstrahlung sehr hoch, da der Einfallswinkel sehr hoch ist. Die Regenmengen bleiben

Abb.9: Tropischer Regenwald; Quelle:http://www.regenwald.org/kids/wald.php

ganzjährig hoch. Sehr wohl sind aber auch 1-2 aride Monate möglich in besonders exponierten Gebieten. Charakteristisch ist die Anreicherung von Eisen im Boden. Man nennt denn Vorgang Ferralitisierung. Die Böden sind sehr mächtig und die chemische Verwitterung ist sehr intensiv. Die Böden sind meist sehr alt. Typische Böden sind **Ferralsole** (rotbraune Lehme). Tropische Ferralsole sind sauer und extrem nährstoffarm. Die Artenvielfalt ist sehr hoch, es kommen bis zu über 100 Baumarten pro Hektar vor. Rascher Stoffumsatz und große Wuchsleistungen bei hohen Temperaturen und viel Feuchte sind typisch. Die Lichtkonkurrenz ist sehr stark, dies führt zu einem ausgesprochenen Höhenwachstum. Nur 1% des Lichtes erreicht den Boden. Der Unterwuchs ist bescheiden, es gibt keine Ausgeprägte Krautschicht. Ganzjährig liegt Laub, es gibt keine jahreszeitlichen Veränderungen. Die Bäume blühen zu den unterschiedlichsten Zeiten. Negromasse fällt also ganzjährig an.

Probleme für agrarische Nutzung liegen im geringen Nährstoffgehalt der Böden. Traditionelle Anbausysteme sind Brandrodungs- und Wanderfeldbau und Bewässerungsreisbau. Der Aufbau einer marktwirtschaftlich orientierten Landwirtschaft in Brasilien ist einer der Hauptfaktoren für die Rohdung der Regenwälder. Meist werden Sojabohnen angebaut, aber auch Nutzflächen für die Weidewirtschaft werden geschaffen. Ist der Regenwald beseitigt gibt es kaum Stabilisatoren für den Humus. Bei Monokulturen gibt es fast keinen Ertrag von Negromasse. Die Tierwelt ist sehr artenreich. Die Arten treten aber nur in geringer Individuenzahl auf. Die Meisten Arten leben in den höheren Stockwerken des Regenwaldes.

3. Die Boreale Zone

Der Begriff Boreale Zone wird vom griechischen Wort *boreas*, welches Nordwind oder Norden bedeutet, abgeleitet. Die Nadelwaldvegetation ist hier vorherrschend, deshalb wird dies Ökozone auch als boreale Nadelwaldzone bezeichnet. Als Taiga wird der aus Nadelhölzern bestehende boreale Waldgürtel Sibiriens bezeichnet, die Artenzusammensetzung besteht aus Fichten, Kiefern, Lärchen und Tannen. Aber auch die anderen Gebiete der Borealen Zone erhalten diese Bezeichnung, da sie dem Waldgürtel in Sibirien in ihrer Physiognomie sehr ähnlich sind. (vgl. TRETER, 1993, S.8)

3.1. Verbreitung der Borealen Zone

Die Boreale Zone ist zirkumpolar auf der Nordhalbkugel verbreitet, auf der Südhalbkugel kommt sie nicht vor, da dort in diesen Breiten die Landmassen fehlen. Somit ist sie die einzige Ökozone die nur auf der Nordhemisphäre vorkommt. In Eurasien erstreckt sich die Boreale auf einer Breite zwischen 700 und 2.000 km und einer Länge von 7.500 km. In Nordamerika erreicht sie eine Bereite von mehr als 1.500 km und eine Länge von über 5.000 km. Die Boreale Zone hat eine Gesamtfläche von fast 20 Mio km²

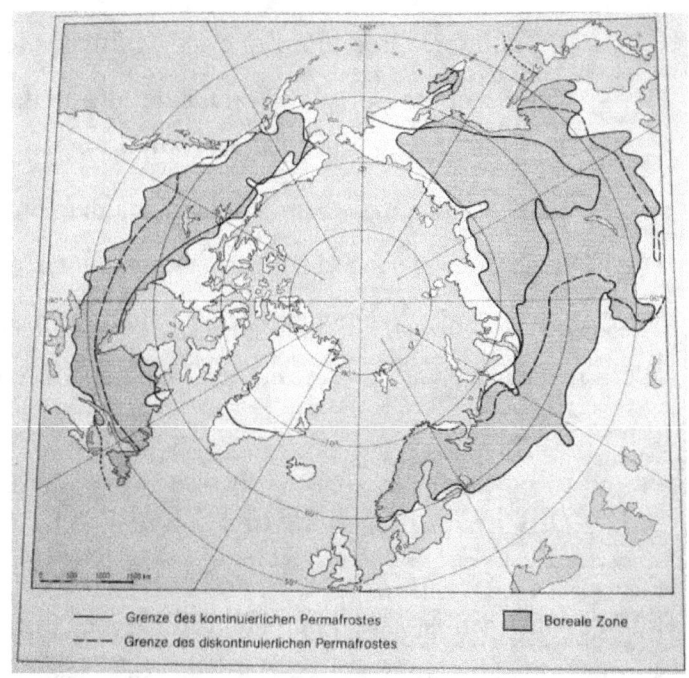

Abb.10: Die Verbreitung der Borealen Waldländer (nach HARE und RITCHIE 1972, LARSEN 1980, VAN CLEVE u.a. 1986, PEWE 1989, TRETER 1993)

oder einen Anteil am Festland der Erde von etwa 13% (vgl. SCHULTZ, 1995, S. 152). Die südlichsten Vorkommen reichen an den Ostseiten der Kontinente bis etwa 50° N, auf den Westseiten infolge warmer Meeresströmungen (Golfstrom bzw. Kuro-Schio) nur bis etwa 60° N (Schultz, 1995, S. 152). Zu ihrem Verbreitungsgebiet zählen Große Teile Kanadas und Alaskas, Skandinavien, das nördliche Russland und Sibirien. In Nordamerika entfallen auf die Boreale Zone 7,2 km² und auf Eurasien entfallen etwa 12,4 km². Somit gehört sie wie die Polare/subpolare Zone zu den größten Ökozonen.

Die nördliche Grenze der Borealen Zone ist mit der polaren Baum- bzw. Waldgrenze gleich zu setzen. Die südliche Grenze lässt sich weniger eindeutig festlegen. Sie beginnt dort wo die Borealen Nadel- und Laubholzarten zurücktreten und Pappel-, Birken-, und Eichmischwälder auftreten und zur Waldsteppe bzw. zu nemoralen Laubwäldern überleiten (vgl. Treter, 1990, S. 374)

3.2. Gliederung der Borealen Zone

Die Boreale Zone lässt sich hinsichtlich thermischer und hygrischer Klimaparameter in Subzonen gliedern.

Folgende Subzonen werden unterschieden (vgl. TRETER, 1993, S.15-16):

- die nördliche Boreale Zone (= nördliche Taiga), die Waldtundra und das offene Waldland umfasst,
- die mittlere Boreale Zone (= mittlere Taiga oder Hauptboreal), die den Kernraum der Borealen Waldländer darstellt,
- die südliche Boreale Zone (= südliche Taiga), zu der eine breite Übergangszone zu nemoralen bzw. hemiborealen Waldzonen zählt.

Die Gliederung der Subzonen erfolgt unter anderem nach der Dauer der Vegetationsperiode, der potentiellen Evapotranspiration, der effektiven Wärmesumme oder Frostsumme und der Anzahl der Tage mit Mitteltemperaturen von mehr als 10°C.

3.3. Das Klima der Borealen Zone

Im Wesentlichen ist es ein humider Klimatypus mit einer kalten Jahreszeit und kurzem Sommer. Innerhalb dieser Zone ergeben sich allerdings unterschiede in den klimatischen Bedingungen. Die West- und Ostseiten der Kontinente sind durch ein feuchtkaltes und das Landesinnere ist durch ein trockenkaltes Winterklima gekennzeichnet (vgl. Treter, 1990, S.375). An der polaren Baumgrenze herrschen an etwa 30 Tagen Mitteltemperaturen von über 10°C. An der Südgrenze der Borealen Zone sind es etwa 120 Tage mit einer Mitteltemperatur von über 10°C. Die Vegetationsperiode wird von Norden auf Süden auf 3-6 Monate beschränkt, sie definiert sich durch die Summer der Tage mit Mitteltemperatur von über 5°C.

An den Küstenregionen sind die Sommer recht kühl, die Juli-Mitteltemperaturen reichen von 12-14°C. Im Inneren der Kontinente sind die Sommer mit Juli-

Mitteltemperaturen von 18-20° mäßig warm. Vereinzelt können Tagestemperaturen von bis zu über 30° auftreten. Auch im Winter gibt es große Unterschiede zwischen Küstenregionen und Landesinneren. An den West- und Ostseiten herrscht feuchtkaltes Klima und im Landesinneren ist das Klima trockenkalt. Mit zunehmender Entfernung zum Meer werden die Wintertemperaturen immer kälter. Die Regionalklimatischen Unterschiede zwischen dem trockenkalten Klima im inneren der Kontinente und dem feuchtkaltem Klima der Küstenregionen sollen die beiden Klimadiagramme nach WALTER und LIETH besser veranschaulichen. (vgl. TRETER 1993, SCHULTZ 1995)

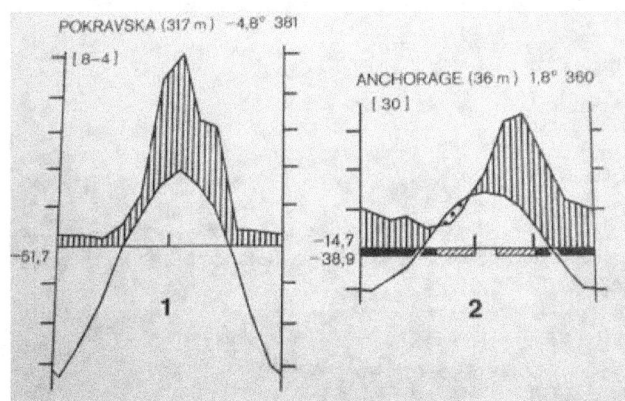

Abb.11: Klimadiagramme des trockenkalten (1) und des feuchtkalten (2) Klimatyps nach WALTER und LIETH. (Nach: SCHULTZ, 1995, S. 156).

Die Schneedeckendauer ist sehr lange, sie beträgt im Norden etwa 8 Monate und im Süden 3-5 Monate. Die maximale Schneehöhe beträgt durchschnittlich 30 bis 80 cm. Sie schwankt lokal und regional durch Niederschlags- und Reliefverhältnisse.
Die Jahresniederschläge betragen 250-500 mm. Im Winter sind die Niederschläge meist wenig ergiebig, ein grossteil der Niederschläge fällt als Schnee. Im Sommer dominieren Konvektive Schauer die höhere Regenmengen bringen.

Die jährliche Gesamtstrahlungsbilanz ist negativ. Es herrscht ein sehr ausgeprägtes thermisches Jahreszeitenklima mit ausgeprägten Beleuchtungsjahreszeiten. Im Norden der Borealen Zone sind Polartag und Polarnacht für Beleuchtung und Temperatur ausschlaggebend. Im Süden dagegen variiert die Tageslänge zwischen Sommer und Winter noch stark. Aufgrund der strahlungs- und beleuchtungsklimatischen Bedingungen ergibt sich ein rasches Steigen und Fallen der Temperaturen, Übergangsjahreszeiten wie Herbst und Winter sind daher sehr kurz.

Das Klima der Borealen Zone in Eurasien wird vor allem durch die extreme Kontinentalität bestimmt. Der Teil liegt in großer Entfernung zur Küste, mit Ausnahme von den Küstenregionen Nordeuropas. So haben die Meere kaum noch Einfluss auf das Klima.

Das Boreale Klima in Nordamerika wir maßgeblich von drei Luftmassen beeinflusst. Und zwar der arktischen, pazifischen und tropischen Luftmassen, die im Wechsel der Jahreszeiten unterschiedlich dominant wirken.

3.4. Reliefenergie, Landformen und Gewässer der Borealen Zone

Die Reliefenergie ist weitgehend gering, mit Ausnahme der nordamerikanischen Rocky Mountains, des Ostsibirischen Gebirgslandes und des Ural. Die Landoberfläche wurde durch Abtragungsprozesse, die über hundert Millionen Jahren wirken konnten, verebnet und ist von geringer Meereshöhe. Die Landschaft ist von zahlreichen glazialen Formen geprägt, wie z.B. Moränenüberdeckungen, Endmoränen,

Abb.12: Seen in Südfinnland; Quelle: http://www.elchteam.de/html/wanderungen_sudfinnland.html

Schmelzwasserrinnen und Sanderflächen. Frostdynamische Vorgänge spielen in der Borealen Zone eine große Rolle. Frostboden- und Abschmelzholformen (z.B. Erdbulte und Alasse). In den Abschmelzholformen bilden sich häufig Seen und Tümpel, die teilweise auch wieder verlanden können.

Die Flussnetze der Borealen Zone sind meist dicht und gut entwickelt. Im Kanadischen Schild, in Südfinnland und im Westsibirischen Tiefland kommen viele tausend kleine und große Seen sowie Sumpf- und Moorgebiete vor. Die Wasserführung der Flüsse ist sehr unausgeglichen. Charakteristisch für die meisten Flüsse der Borealen Zone ist das ausgeprägt Frühjahrshochwasser, das durch die Schneeschmelze hervorgerufen wird (TRETER, 1993, S.41). Im Durchschnitt sind die Flüsse 6-7 Monate zugefroren.

Besonders groß ist der Flächenanteil an stehenden Gewässern und Sümpfen und Mooren.

3.5. Die Böden der Borealen Zone

Als zonaler Bodentyp gilt der **Podsol**. Dort wo der Boden ständig gefroren ist, ist der Podsol nur noch schwach entwickelt oder kommt gar nicht mehr vor. Hier überwiegen die kryogenen Bodenbildungsprozesse. **Gleypodsole**, **Kryotaigagleye** und **Kryotaigaböden** sind kennzeichnend. (vgl. TRETER, 1993, S.49). In großen Teilgebieten kommt Permafrost vor. Dieser beeinflusst den Bodenwasserhaushalt und die zonale Vegetation. Oberflächlich taut der Permafrost im Sommer zwischen wenigen Dezimetern bis zu mehreren Metern auf (active layer) (VENZKE, 2008, S. 20).

Abb.13: Podsol Bodenprofil; Quelle: http://www.klett.de

Durch die schwere Zersetzbarkeit der Koniferennadeln und die hohe Acidität von Streu- und Mineralboden sowie die langer Nässe und Kälte bildet sich eine Mächtige Streuschicht (bis zu 50 cm) Auch die langsame und gehemmte Zersetzbarkeit durch Destruenten (Winterruhen) begünstigt die Streuauflage. Durch Stau- und Grundwassereinwirkungen entsteht Torf, ansonsten bildet sich Rohhumus aus. Auf Grund der geringen Mineralisierung sind Torf und Rohhumus besonders nährstoffarm. Die Zersetzung der Streu erfolgt hauptsächlich chemisch. Die Böden neigen zur Auswaschung (Podzolierung). Die Huminstoffe sind wasserlöslich und werden mir dem einsickernden Wasser nach unter verlagert.

Moore und Sümpfe kommen gebietsweise mit riesiger Ausdehnung vor. Es sind verschiedenen Moortypen zu unterscheiden: Deckenmoore in ozeanischen Gebieten (z.B. Nordeuropa), Torfhügelmoore in der Waldtundra unter Einfluss von Permafrost (z.B. Kanada), Strangmoore (z.B. Nordeuropa, Nordamerika), Hochmoore (z.B. mittlere und südliche Taigazone Nordamerikas und Eurasiens), Waldhochmoore (z.B. osteuropäischer und westsibirischer Bereich) (vgl. TRETER, 1990, S. 378).

3.6. Der Permafrost

Permafrost ist charakteristisch für die subpolare/polare Zone. Reicht aber durchaus bis in die Boreale Zone hinein. Permafrost ist Lithosphärenmaterial das mindestens für 1 Jahr eine Temperatur von unter 0° Celsius aufweist. Permafrost überdauert dann durchaus mehrere Jahrhunderte und Jahrtausende.

Es sind folgende Permafrostzonen zu unterscheiden:
- Kontinuierlicher Permafrost : <-7/-8 °C ; Mächtigkeit: < 500 bis 60 m
- Diskontinuierlicher Permafrost: -3/-4° C; Mächtigkeit: 12 m
- Sporadischer Permafrost: 0/-1/-3°C; Mächtigkeit >1 m

Die Verbreitung des Permafrostes in Eurasien und Nordamerika ist sehr unterschiedlich. In Eurasien greift der kontinuierliche und diskontinuierliche Permafrost viel weiter nach Süden, in Sibirien nimmt er teilweise fast die gesamte Boreale Zone ein.

Der Permafrost beeinflusst die Vegetation, die Bodenbildung und die Oberflächengestaltung der Borealen Zone stark. Permafrost und Vegetation stehen in enger Verbindung. Die Vegetationsdecke schirmt Strahlung und Wärmeeinfluss ab. Und hat somit eine isolierende Wirkung auf den Untergrund, was die Permafrostbildung begünstigt. Entfernung bzw. Zerstörung der Vegetation durch Feuer oder Mensch führt zu einer größeren Auftautiefe bzw. verschwinden des Permafrostes. Permafrost ist für das Pflanzenwachstum sehr hemmend, er generiert Wasserstau, engt den Wurzelraum ein, schränkt die Sauerstoffversorgung ein, bewegt das Bodensubstrat und zerstört so die Wurzeln.

Permafrost beeinflusst den Wasserhaushalt sehr. Seine Wasserundurchlässigkeit ist Grund für das Vorkommen vieler flacher Seen sowie Versumpfung und Vermoorung. Auch die Flüsse werden durch Permafrost beeinflusst. Dies zeigt sich in einem niedrigen Wasserstand, und frieren im Winter.

3.7. *Vegetation und Tierwelt der Borealen Zone*

3.7.1. Der Boreale Nadelwald

Im Borealen Nadelwald dominieren Nadelholzer v.a. Fichten (*Picea*), Kiefern (*Pinus*), Tannen (*Abies*) und Lärchen (*Larix*). Den Nadelwäldern sind einige wenige Laubholzgattungen beigemischt, z.B. Pappel (*Populus*), Birke (*Betula*) und Erle (*Alnus*). Häufig kommt über mehrere tausend Quadratkilometer nur eine einzige dieser Koniferengattungen vor, außerdem beschränken sich die Baumarten jeweils auf nur einen Kontinent.

Auch die Bodenvegetation, in der Zwergsträucher, Moose und Flechten vorherrschen, ist nicht sehr artenreich. Wie in der Baumschicht sind einzelne oder nur wenige Arten über große Flächen hinweg dominant und aspektbestimmend (TRETER, 1993, S. 86).

Die Borealen Nadelwälder lassen sich in 3 zonale Einheiten gliedern (vgl. TRETER, 1993, S. 88):

- die nördliche Taiga (Waldtundra und offenes Waldland)
- die mittlere Taiga (Kernraum des Borealen Waldlandes)
- die südliche Taiga (Übergangszone zu den südlichen Laubwaldformationen)

Es ist auch zwischen heller und dunkler Taiga zu unterscheiden. In der hellen Taiga dominiert die Lärche, die auch ihre Nadeln verliert. In der dunklen Taiga dominieren Nadelbäume die ihre Nadeln nicht verlieren. Die helle Taiga kommt vor allem in sehr kontinentalen Klimaten, wie z.B. Sibirien, vor.

3.7.1.1. Die Borealen Nadelwälder in Eurasien

In der europäischen Taiga, die das Gebiet von der Atlantikküste Nordeuropas bis in das westliche Vorland des Urals umfasst, sind Fichten im Westen und Kiefern im Osten weit verbreitet. Wobei die Fichtenwälder den größeren Teil der waldbedeckten Flächen einnehmen und so als zonale Vegetation gelten. Doch auch die Kiefer ist weit verbreitet und kommt vor allem auf extremen Standorten sowie Waldbrandflächen sogar dominant vor.

Die nordeuropäische Taiga wird ausschließlich von der Gemeinen Fichte (*Picea abies*) und der Waldkiefer (*Pinus sylvestris*)gebildet. Der Taigagürtel aus Fichten und Kiefern zieht sich bis nach Sibirien hinein. Die westsibirischen Taigawälder bestehen zum Großteil aus der Sibirischen Fichte (*Picea obovata*), der Sibirischen Tanne

Abb.14: *Abies sibirica* (Sibirische Tanne);Quelle:http://palmenwaeldchen.eu/koniferen/tanne/abies-sibirica/prod_54.html

(*Abies sibirica*) und der Zirbelkiefer (*Pinus cembra*). 55% der westsibirischen Taiga sind allerdings von Torf- und Waldhochmooren bedeckt. Die helle Lärchentaiga Sibiriens kommt vor allem auf Permafrost geprägten, kontinentalen Gebieten vor. In den südsibirischen Gebirgen westlich und östlich des Baikalsees kommen an feuchten meist Nordexponierten Hängen dunkle Nadelwälder der westsibirischen dunklen Taiga vor. An trockenen Standorten sind helle Nadelwälder aus Lärche und Kiefer vorherrschend. (vgl. TRETER, 1990, S.380)

3.7.1.2. Die Borealen Nadelwälder in Nordamerika

Die Borealen Nadelwälder Nordamerikas werden im Wesentlichen von fünf Nadelholzarten gebildet: *Picea mariana, Picea glauca, Pinus banksiana, Abies balsamea* und *Larix laricina*. Die Fichten *Picea glauca* und *Picea mariana* haben die weiteste Verbreitung und sind somit die charakteristischen Arten der nordamerikanischen Taiga. Die Lärche *Larix laricina* kommt bis in den äußersten Nordwesten vor, bildet aber nirgends eigene Wälder so wie die sibirische Lärche. Die Tanne *Abies balsamea* hat ihren Verbreitungsschwerpunkt in den östlichen und zentralen Teilen. Das Vorkommen der Kiefer *Pinus banksiana* hängt von trockenen und nährstoffarmen Substraten sowie regelmäßigen Feuern ab. Östlich des 90. Längengrades hat die Tanne *Abies balsamea* ihr Hauptverbreitungsgebiet und westlich davon geht der Anteil der Tanne zurück. Auf dem kanadischen Schild sind wegen häufiger Waldbrände Fichten- und Kiefernwälder vorherrschend. Im Inneren Alaskas sind Mischwälder aus Fichte, Birke und Pappel am häufigsten. (vgl. TRETER, 1990, S.380-381)

Abb.15: *Picea marinara*; Foto © Earl J.S. Rook; Quelle: http://www.rook.org/earl/bwca/nature/trees/piceamar.html

3.7.2. Die Moore der Borealen Zone

Die Moore in der Borealen Zone erreichen einen sehr großen Flächenanteil. Für die Bildung von Mooren sind vor allem ein kaltes humides Klima mit Feuchtigkeitsüberschuss und ein flaches Relief wichtig. Es kommt zu Staunässe, welche die Bildung von Mooren begünstigt. Auch Permafrost, der die Oberflächenvernässung verstärkt, und hoch stehendes Grundwasser führt zur Vermoorung. Von Besonderer Bedeutung für die Bildung von Mooren ist auch die langsame Zersetzung der Streu in Verbindung mit der Staunässe.

Abb.16: Torfmoor; Foto: © Till Lloyd; Quelle:http://www.nabu-bielefeld.de programm. htm

Torfmoore sind neben den Nadelwäldern charakteristischer Bestandteil der Vegetationsbedeckung. Sie erreichen gebietsweise einen Flächenanteil von 50% (z.B. Westsibirien und Nordeuropa). Bei Torfmooren kommen nur wenige Arten von Moosen,

Gräsern, Kräuter, und Zwergsträuchern vor. Vereinzelt können auch Bäume vorkommen. Es gibt eine Vielzahl von Moortypen. In der Borealen Zone kommen Hochmoore, Deckenmoore, Strangmoore oder Palsenmoore vor. Deckenmoore finden sich in ozeanischen geprägten Klimagebieten wie z.B. den Britischen Inseln und der südnorwegischen Küstenregion. Die Hochmoore kommen in den weniger ozeanischen Gebieten vor (Nordwestdeutschland, Dänemark). Strangmoore sind weitgehend auf Nordeuropa und riesige Flächen in Westsibiren beschränkt. Stangenmoore zählen zu den wichtigsten Moortypen, dort finden sich die weltweit größten Torfreserven (ca.80%) Palsenmoore sind nur mehr für die nördliche Waldtundra charakteristisch.

Das größte Moorgebiet der Welt befindet sich in Westsibirien zwischen Ural und Yenisey. Finnland weist ebenfalls große ausgedehnte Moorflächen auf. Bis zu 30% der Landfläche werden von verschiedenen Moortypen bedeckt. Norwegen hat von allen Nordeuropäischen Ländern die geringsten Moorflächen. In Kanada werden etwa 18% der Landfläche mit Mooren bedeckt. An der pazifischen Küste Kanadas und Alaskas kommen verschiedene Moortypen vor, allerdings erreichen diese nur geringe Größe. Insgesamt nehmen die Moore einen Flächenanteil von ca. 20% an der Borealen Zone ein.

3.7.3. Die Tierwelt der Borealen Zone

Der Wildbestand ist aufgrund des bescheidenen Futterangebotes gering. Zu den häufigsten Tierarten zählen Elche, Hirsche, Bären, Wölfe, Biber, Füchse und Nager. Während des Winters ziehen auch Rentiere und Karibus in die Boreale Zone. Wechselwarme Landtiere fehlen in dies Ökozone ganz. Die extremen Bedingungen des Winters erfordern Anpassungsmechanismen. So halten viele Tiere Winterruhen in From von Winterschlaf (Bären) oder Winterstarre (Arthropoden). Vögel und viele Säuger ziehen im Herbst in wärmere Gebiete und kommen erst im Frühjahr wieder zurück. Die in der Borealen Zone bleibenden Säuger und Vögel profitieren von der Schutzfunktion des Schnees und der Frostkonservierung ihrer Nahrung.

3.8. Die Rolle der Feuer in der Borealen Zone

In den Borealen Nadelwäldern ist Feuer ein natürlicher ökologischer Faktor der das Waldökosystem beeinflusst. Hauptsächlich wird das Feuer durch Blitzschlag oder gering durch Selbstentzündung ausgelöst. Abgesehen von den natürlichen Auslösern ist auch der Mensch Verursacher von Walsbränden (z.B. Grill- Campingfeuer, Forstarbeiten, Siedlungen, Eisenbahnen u.a.).

Die Vegetation der Taiga hat sich bestens an die regelmäßigen Brände angepasst. Einerseits durch Feuerresistenz und andererseits durch eine sehr rasche Reproduktion. Häufigkeit, Intensität und Art des Feuers sind innerhalb der Borealen Zone sehr unterschiedlich. Das Feuer hat eine wichtige Funktion für den Stoffhaushalt der Taiga-Ökosysteme. Die Streu- und Rohhumusdecke ist in diesem Ökosystem, besonders in den nördlichen Regionen, sehr mächtig. Die Nährstoffe werden in den Streuauflagen akkumuliert und das führt zu einem Nährstoffmangel im Stoffkreislauf. Durch das Feuer werden die gebundenen Nährstoffe wieder freigesetzt und dem Stoffkreislauf hinzugefügt. Ohne das Feuer würde sich ein Nährstoffmangel einstellen. Dies würde, insbesondere in der nördlichen Taiga, zu einer irreversiblen Vernässung und Vermoorung führen. Ein geschlossener Waldbestand wäre unmöglich. Erst durch das Feuer entsteht das für die Boraelen Wälder charakteristische Verbreitungsmuster der Walttypen nach Art und Alter.

3.9. Erschließung und Landnutzung der Borealen Zone

Die Boreale Zone gehört zu den dünnbesiedeltsten Gebieten der Erde. Die Räume werden wenig vom Menschen genutzt. Grund dafür ist hauptsächlich die Klimatische Ungunst. Die Möglichkeiten der Landnutzung sind sehr eingeschränkt durch die ungünstigen Bodenbedienungen. Die Erschließung und Nutzung der Borealen Waldländer lässt sich in vier teils überlagernden Phasen gliedern (vgl. Treter, 1993, S.125):

- 1. Pelztierjagd und Pelzhandel
- 2. Holzeinschlag und landwirtschaftliche Erschließung
- 3. Eisenbahnbau und Bergbau
- 4. Industrialisierung (Rohstoffvorkommen und Hydroenergie)

3.9.1. Traditionelle Nutzungsformen

Die wichtigsten Nutzungsformen waren Jagd- und Pelzwirtschaft. Sie haben zur relativ frühen Erschließung der Waldgebiete beigetragen. Die Jagt diente sowohl zur Nahrungsgewinnung als auch zur Pelzgewinnung. Die Pelze wurden als Bekleidung oder zum Tausch gegen andere Güter verwendet. Die Jagd- und Pelzwirtschaft waren vor allem in der nördlichen Taiga Sibiriens von Bedeutung. Heute hat die Jagd- und Pelztierwirtschaft weitgehend an Bedeutung verloren. Rentiernomadismus bereitete sich auf verschiedene Gebiete Eurasiens aus und ist teilweise heute noch erhalten. Die ursprüngliche Form der Rentierhaltung hat sich nur in Eurasien entwickelt. In Nordeuropa beschränkt sich die Rentierhaltung auf etwa 800.000Tiere und wird von den Samen betrieben. Die heutige Rentierwirtschaft ist im Gegensatz zu früher (multifunktionale Verwertung) lediglich auf die Fleischproduktion gerichtet, was mit dem Ziel der Produktionssteigerung zu Überweidung führt. Früher konnte die Rentierwirtschaft im Norden Skandinaviens fast uneingeschränkt betreiben werden. Heute wird sie immer mehr von der Forstwirtschaft, dem Tourismus, dem Straßenbau und der Erschließung der Wasserkraft vertrieben.

3.9.2. Landwirtschaftliche Nutzung

Die langen kalten Winter und die kurze Vegetationsperiode, sowie die nährstoffarmen Böden, der Permafrost und versumpfte und vermoorte Böden stellen eine Herausforderung für die landwirtschaftliche Nutzung dar. Die polare Ackerbaugrenze bleibt in der Regel um 5-10 Breitengrade hinter der Waldgrenze zurück (SCHULTZ, 1995, S. 187). In Nordeuropa liegt die Anbaugrenze bei 70°. Die nördlichste vorkommende Getreideart ist die Sommergerste, darauf folgen Sommerhafer und Sommerroggen. Auch die Kartoffel gedeiht bis 70°. In Norwegen, Finnland und Skandinavien ist die Landwirtschaft am weitesten verbreitet. Hier ist sie auch von flächenhafter und volkswirtschaftlicher Bedeutung. Finnland ist das einzige Land der Welt das sein gesamtes Getreide nördlich des 60. Breitengrades produziert. Die landwirtschaftlichen Flächen sind stark verstreut. In Osteuropa und Sibirien bildet der 60. Breitengrad die Anbaugrenze für Getreide. Es gelang nicht den Getreideanbau nach Norden auszuweiten. Die Getreideproduktion sank zwischen 1950 und 1970 erheblich ab. Es wird bis in die nördliche Taiga Grünlandwirtschaft und Futterpflanzenanbau betrieben.

Die landwirtschaftliche Nutzung der Borealen Wälder in Kanada beschränkt sich auf zwei Gebiete:

- Grenzbereich zwischen Kulturland der Prärien im Süden und dem geschlossenen Borealen Wald im Norden
- Kulturlandschaftsinseln im nordwestlichen Alberta, British Columbia und Great Clay Belt in Ontario und Quebec.

In Kanada kommen große zusammenhängende landwirtschaftliche Flächen vor. Die Landwirtschaft hat hier im Gegensatz zu Finnland keine volkswirtschaftliche Bedeutung.

3.9.3. Forstwirtschaftliche Nutzung

In den Borealen Waldländern (Alaska, Kanada, Nordeuropa, Russland), beträgt der Holzvorrat etwa 110 Milliarden m^3. Das entspricht einem Drittel des gesamten Weltholzvorrates. 90% des Papier- und Schnittholzes kommen global gesehen aus der Borealen Zone. Die forstwirtschaftliche Flächenleistung ist dennoch gering, da man die Werte in Relation auf die riesige Waldfläche setzten muss. Sieht man den Gesamtbedarf an Holz weltweit, so kommen immerhin noch 30% alleine aus den Borealen Wäldern.

Der kommerziellen Holznutzung stellen sich einige Probleme in den Weg. In der Regel nehmen diese von Süden nach Norden zu. Die Gebiete sind sehr abgelegen, was zu langen und erschwerten Transportwegen führt. Auch Arbeitskräfte sind lokal kaum verfügbar. Tiefe Temperaturen und die hohe Schneedecke im Winter sind problematisch. Die nutzbare Holzmasse pro Fläche, sowie die Holzqualität sind gering. Das Holz eignet sich oft nur zur Papierherstellung oder als Brennholz. Da die jährliche Wuchsleistung gering ist und somit die Aufforstung sehr lange dauert braucht es viel Zeit ehe erneut ein Holzeinschlag möglich ist.

3.9.4. Weitere Nutzungsformen

Besonders wichtig ist der Abbau der riesigen Torflagerstätten. In der früheren Sowjetunion werden die Torfvorkommen au auf insgesamt 22 Mio Tonnen geschätzt; das sind 66% der Weltvorräte (SCHULTZ, 1995, S. 188). Zwei Drittel des abgebauten Torfs werden zur Bodenverbesserung in anderen Gebieten verwendet. Der Rest wird verheizt. Auch Wildbeeren bilden einen wichtigen Wirtschaftszweig. Im Sommer reifen in den Borealen Wäldern große Mengen an Wildbeeren. Besonders in Russland ist das

Sammeln dieser Beeren von Bedeutung. Am Wichtigsten sind die Preiselbeeren. Auch der Tourismus nimmt in den Borealen Waldländern zu.

4. Alaska als Fallbeispiel der Borealen Waldländer

Die Halbinsel Alaska liegt im äußersten Nordwesten des amerikanischen Subkontinents. Alaska ist zum Großteil von Borealen Klima geprägt, nur im äußersten Norden herrscht subpolares und polares Klima.

Die landschaftliche Großgliederung Alaskas wird von den in Ost-West-Richtung verlaufenden Gebirgszügen bestimmt. Im Süden liegen die Pazifischen Ketten (Parcific Mountain System), darauf folgt ein zentraler Teil von Plateau- Mittelgebirgs- und Tieflandbereichen (Interior Plateaus). Im Norden schließt das Kettengebirge der Arctic Mountains an. Mit dem Mount McKinley (6190 m) weist Alaska den höchsten Berg Nordamerikas auf. Eine landschaftliche Besonderheit sind die reizvollen Küsten mit zahlreichen Fjorden, Buchten, Inseln und Halbinseln.

Die nördlichen Teile Alaskas, die Brookskette, grenzen im Osten direkt an das Eismeer. Im mittleren und westlichen Teil trennt ein bis zu 200 km breites plateauartiges Vorland mit Küstenebenen das Gebirge von der Küste des Nordpolarmeeres. Nach Südwesten setzt sich Alaska in der Inselkette der Aleuten fort. Die Beringstraße und das Beringmeer trennt Alaska von Russland.

Abb.17: Alaska; Foto © Jan Richter; Quelle: http://www.kabeleins.at/doku_reportage/inside_usa/alle_staaten/artikel/01089/index.php

Das Klima

Alaska weißt ein sehr ausgeprägtes arktisches Klima auf, dies trifft vor allem auf die nördlichen Teile zu. Das Klima ist von langen harten kalten Wintern und sehr kurzen warmen Sommern gekennzeichnet. Das Klima im Inneren Alaskas ist kontinental geprägt und die Niederschläge sind in der Regel eher gering. Die südlichen Teile Alaskas sind unter dem Einfluss der warmen Meeresströmungen des Pazifiks (Japanstrom) und sind sehr ozeanisch geprägt. Im Norden von Alaska herrscht subpolares Klima. Im Sommer steigen die Temperaturen an der Nordküste auf über 0°C.

An der Süd- und Westküste fallen die Temperaturen im Winter selten unter -10°C. Hier sind die Sommer nur mäßig warm. Es ist allerdings sehr feucht im Gegensatz zum übrigen Alaska. 70% Alaskas liegen in der Dauerfrostzone. Die südlichen Küstengebirge sind fast zur Gänze vergletschert. Grund dafür sind die relativ hohen Niederschläge bei einer Schneegrenze zwischen 600 und 800 m.

Vegetation

Die Klimaunterschiede innerhalb Alaskas haben Auswirkungen auf die Vegetation. Die Flora ist relativ artenarm. Alaska wird zum Großteil von Tundra und Nadelwald bedeckt. Das alaskische Waldland bildet den nordwestlichsten Teil des großen Nadelwaldgürtels, der von Neufundland und Labrador durch das Innere Kanadas über das Felsgebirge hinweg sich bis zum Stillen Ozean ausdehnt (BARTZ, 1950, S. 48). Im Norden verhindert das Brooks-Gebirge ein weiters Vordingen des Waldes bis hin zum Eismeer. Das innere Alaskas steht, aufgrund der klimatischen Unterschiede, im starken Gegensatz zum Küstengürtel um den Golf von Alaska. Der feuchte Küstengürtel Alaskas ist vom reichen üppig entwickelten Wald bedeckt. Während das Innere trockene Alaska weniger üppig entwickelte Wald mit anderen Arten aufweist. Die Küsten des Eismeeres sind von Tundra bedeckt.

Die Abbildung zeigt die vorherrschenden Vegetationszonen Alaskas.

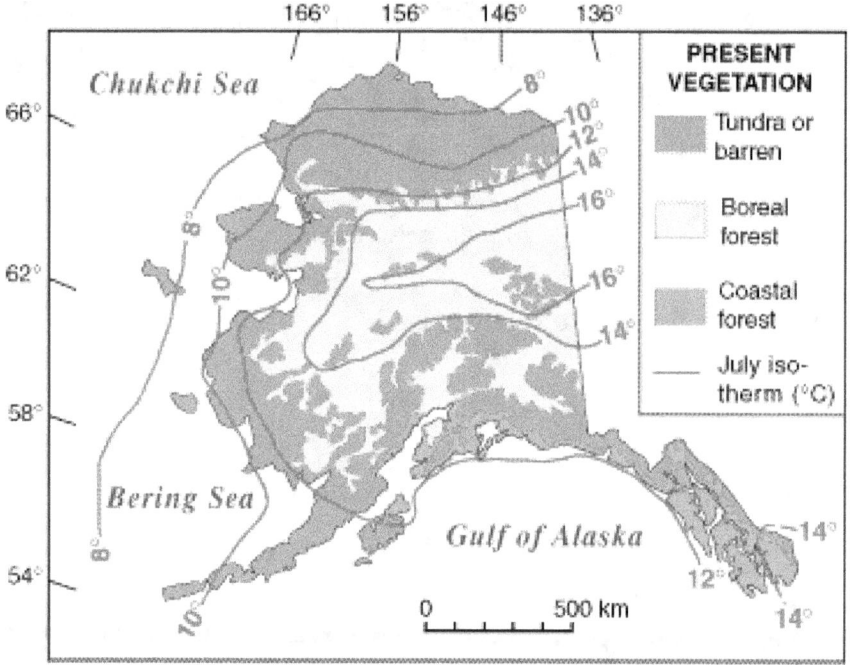

Abb.18: Verteilung der Vegetationszonen Alaskas. Tundra, Borealer Nadelwald, Küstenwald. Koniferen Wälder findet sich in Gebieten mit einer Julimitteltemperatur wärmer als 11-12°C Quelle: http://esp.cr.usgs.gov/research/alaska/

Alaska kann in 4 Florenregionen eingeteilt werden:

- Ein schmaler Küstenstreifen, der an die Küstengebirge im Südosten und Süden grenzt, ist mit Nadelwald bedeckt
- Das Tiefland im Inneren Alaskas ist ebenfalls überwiegend mit Nadelwald bedeckt, allerdings ist die Artenzusammensetzung gegenüber des Küstenstreifen sehr unterschiedlich
- Arktische Gebiete mit Zwergstrauchvegetation
- Die Küstengebiete der Beringsee mit baumloser aber hochstaudenreicher Vegetation

Der Küstenstreifen

Der Küstenwald im Süden von Alaska stellt die nördliche Ausbildungsform des feuchten, vorwiegend aus Nadelhölzern bestehenden pazifischen Küstenwaldes Nordamerikas dar. Die Artenzusammensetzung der Wälder ist sehr unterschiedlich. Im Süden Alaskas und im Panhandle bestimmen *Picea sitchensis* (Sitkafichte) und *Tsuga heterophylla* (Westliche Hemlocktanne) die Wälder. Im Gebiet der Baumgrenze, im Südosten, ist *Tsuga heterohylla* selten oder fehlt ganz. Hier treten *Chamaecyparis nootkatensis* (Nootkascheinzypresse) und *Tsuga mertensiana* (Berghemlock) auf. Ein Viertel des Küstenwaldes wird von Mooren bedeckt. An den feuchten Standorten können sich Nadelhölzer nicht durchsetzten, hier überwiegen Laubwerfende Gehölze. (vgl. HINTZSCHE und NICKOL (Hrsg.),1996, S. 256).

Abb.19: *Picea sitchensis*; Quelle: http://www.cas.vanderbilt.edu/bioimages/image/p/pisi--wp40715.htm

Das Tiefland

Im Tiefland, im Inneren Alaskas, herrscht kontinentales Klima. Entlang der Flüsse findet man *Picea glauca* (Weißfichte). Auf Kahlflächen, die durch Brände entstanden sind, herrscht eine Initialvegetation aus Laubgehölzen wie *Betula papyrifera ssp. humilis* (Birken) und *Populus balsamifera* (Pappel). An Moorstandorten findet sich *Picea mariana* (Schwarzfichte), auch *Larix laricina var. alaskensis* (Lärche) besiedelt die Moor- und Feuchtgebiete.

Die arktischen Gebiete

Die arktische Flora ist sehr artenarm. Endemiten sind sehr häufig in diesen Gebieten. Auch Arten die in Nordostasien sehr verbreitet sind treten hier auf. Darunter sind einige *Primulaceen* (Primelgewächse) und *Claytoniaarten* (Protulakagewächse). Zwergstrauchheiden sind weit verbreitet, sie setzten sich meist aus Ericagewächsen, wie Bärentraube, Preiselbeere und Krähenbeere zusammen.

Die Küstengebiete

Von den Aleuten über die Halbinsel Alaska bis zu den Küsten des Beringmeeres erstreckt sich eine baumlose Vegetation, in der stellenweise Gräser vorherrschen (HINTZSCHE und NICKOL (Hrsg.),1996, S. 256). Auf der Halbinsel Alaska kommen vor allem die kleine Straucherle *Alnus crispa ssp. sinuata* und *Calamogrostis-* (Reitgras.), *Festuca-* (Schwikgel-), *Deschampsia-* (Schmielen-) Arten vor. Auf den Aleuten kommen arktische Hochstaudenfluren vor. Diese Hochstaudenfluren setzten sich aus den Doldenblütengewächsen *Heracleum lanatum*, *Angelica lucida*, die

Abb.20: *Heracleum lanatum*; Quelle: http://www.wnps.org/plants/haracleum_lanatum.html

Eisenhutarten *Aconitum delphinifolium* und *Aconitum maximum* sowie der Arktische Amper Rumes arcticus zusammen (vgl. HINTZSCHE und NICKOL (Hrsg.),1996, S. 256). Auf den nährstoffreichen Böden finden sich sehr dichte Rasen mit anspruchsvollen Kräutern. Die Aleuten bilden eine wirksame Florenbrücke zwischen den asiatischen und den amerikanischen Kontinent.

Tierreich

Alaska galt als letztes Großwildparadies. Die Zahl der auffälligen Großwildarten ist allerdings sind sehr beträchtlich. Des Weiteren sind die Tiere nicht gleichmäßig über das Land verteilt. Einzelne Tiere haben bevorzugte Standorte und Schlupfwinkel und kommen nur dort in größeren Mengen vor.

Über 30 Landsäugetierarten besiedeln Alaska. Vor allem Nagetiere wie die Spitzmaus (*Sorex tundrensis*), die Sumpfmaus (*Microtus oeconomus*) aber auch Rentiere (*Rangifer tarandus*) sind weit verbreitet. Weitere Arten sind *Lepus othus* eine Hasenart, die Bisamratte *Ondatra zibenthicus*, das Neuweltschtachelschwein *Erethizon dorsatum*. Unter den Raubsäugern beherbergt Alaska unter anderen den Wolf (*Canis lupus*), den Rotfuchs (*Vulpes vulpes*), das Hermelin (*Mustela ermina*), den Mink (*Mustela vison*), den Vielfraß (*Gulo gulo*), den kanadischen Otter (*Lutra canadensis*), den kanadischen Luchs (*Lynx canadensis*) sowie den Braunbären *(Ursus arctos)*.

Abb.21: *Phoca vitulina* (Seehund); Foto: © Alex Auer 2008; Quelle: http://www.naturephoto-cz.eu/phoca-vitulina-picture-8394.html

Den Seeotter (*Enhydra lutris*) findet man an den Küsten der Aleuten, dort findet er ausgiebig Nahrung. Seeotter waren wegen ihres Fells bis Anfang des 20 Jahrhunderts fast ausgerottet. Nach dem ein Jagdverbot 1911 ausgerufen wurde erholten sich die Bestände wieder. Im Jahr 1965 wurden der Bestand auf den Aleuten und der Halbinsel Alaska, der Kodiakinsel und der Prince William Sound auf 25.000 Tiere geschätzt. Die Inselgruppe gehört auch zum Verbreitungsgebiet des Seebären (*Callorhinus ursinus*), den Seelöwen(*Eumetopias jabatus*) und des Seehundes (*Phoca vitulina*).

Auch zahlreiche Vogelarten sind in Alaska und auf den Aleuten anzutreffen. Darunter sind unter anderen die Kanadagans (*Branta canadensis*), Gänsesäger (*Mergus merganser*), Steinadler (*Aquila chrysaetos*), der Fischadler (*Pandion haliaetus*), der Weißkopfseeadler (*Haliaeetus leucocephalus*), die Kamtschatkaseeschwalbe (*Sterna camtschatica*), der Steinwälzer (*Arenaria melanocephale*) und die Wasseramsel (*Cinclus mexicanus*). Die gesamte Brutvogelfauna besteht aus ungefähr 70 Arten. (vgl. HINTZSCHE und NICKOL (Hrsg.),1996, S. 257).

Wirtschaft

Russland verkaufte die Alaska 1867 für 7,2 Millionen Dollar an die USA. Die extremen Naturbedingungen habe die Erschließung der Kupfer-, Erdgas-, Erdöl-, Platin-, Zinn-, Eisen-, und Goldlagerstätten lange Zeit verhindert. Die Ausbeutung Alaskas beschränkte sich aud Pelztierjagt und Fischfang durch die Eskimos und russische Siedler. Mit der Entdeckung der Goldlagerstätten setzte eine Phase schwunghafter Besiedelung und die wirtschaftliche Erschließung ein, die bis 1914 andauerte. Von 1890 bis 1914 kamen bis zu 20% der Weltgoldförderung aus Alaska. Mit Ausbau der technischen Errungenschaften konnten auch die Erz- und Öllagerstätten erschlossen werden. Die Bevölkerungszahl begann zu steigen. 1959 wurde Alaska als gleichberechtigter Bundesstaat in die USA aufgenommen. Heute gehört Alaska zu den wirtschaftlich erfolgreichsten Bundesstaaten der USA. Die bedeutendsten Wirtschaftszweige für Alaska sind die Ölindustrie, Fischindustrie, Bodenschätze, Land- und Forstwirtschaft und der Tourismus. Wirtschaftlich lebt Alaska zum Großteil von der Ölindustrie. 85% des Bruttosozialproduktes machen die Einnahmen aus der Ölwirtschaft aus. In der Fischindustrie sind die meisten Menschen beschäftigt. Am bedeutendsten ist der Lachsfang. Fast 100% der in den USA hergestellten Lachskonserven stammen aus Alaska. Die Landwirtschaft hat nur geringe Bedeutung. Nur 8% des potentiellen Ackerlandes werden genutzt. Die wichtigsten Ackerbaugebiete sind das sonnenreiche Matanuska Valley um Palmer, das Tanana Valley und die Kenai Halbinsel. Alaska bietet auch gutes Weideland. Vor allem die Rentierzucht floriert.

Abb.22: Trans-Alaska-Pipeline; Foto: © Reuters;Quelle:http://www.spiegel.de/wirtschaft/0,1518,grossbild-681410-432092,00.html

Die Forstwirtschaft spielt in Alaska eine eher geringere Rolle, obwohl das Land zur Hälfte von Wald bedeckt ist. Der Tourismus ist nach der Ölindustrie der zweitwichtigste Industriezweig. Der Boom begann in den 70er Jahren und hält bis heute. Fast 1.000.000 Besucher kommen jährlich nach Alaska.

Zusammenschau

Die Boreale Zone ist eine Ökozone die nur auf der Nordhalbkugel ausgebildet ist. Zurzeit ist die Boreale Zone die zweitgrößte Ökozone der Erde. Sie ist ein Waldökosystem und gehört zu den bedeutendsten Kohlenstoffspeichern. Die Zerstörung der Borealen Wälder durch anthropogene Einflüsse, sowie die zonentypische Störung wie Waldbrände und Insekten haben beträchtliche Auswirkungen auf den globalen Haushalt der Treibhausgase wie CO_2. Die Boreale Zone stellt durch ihr ganzjährig humides Klima ein enormes Wasserkraftpotential bereit, dieses Potential könnte in Zukunft verstärkt als erneuerbarer Energieträger genutzt werden. Bestes Beispiel für die verstärkte Nutzung der Wasserkraft ist das „Turuchansk-Projekt in Mittelsibirien. Die Planungen für dieses enorme Stausee- und Wasserkraftwerkvorhaben laufen bereits.

Die globale Änderung des Klimas, „Global Warming", hat natürlich aus Auswirkungen auf die Verbreitung und Struktur der Borealen Zone. Alle Ökozonen verschieben sich im Zuge der Klimaerwärmung zu den Polen hin, das bedeutet, dass sich die Boreale Zone den Nordpol nähert und dadurch die subpolare/polare Zone verdrängt. Außerdem wird sich auch die Ausdehnung und Größe dieser Ökozone ändern. Durch die sich änderten Klimabedienungen ändern sich auch die Anforderungen an die Landwirtschaft. Es werden sich mehr Möglichkeiten zur Produktion von Nahrungsmitteln eröffnen. Auch der Permafrostboden ist durch die Erwärmung in Gefahr. Er geht immer weiter zurück. Dies hat Auswirkungen auf Infrastruktur und Gebäude, diese können nämlich im Zuge des Auftauens der Bodenschichten einsacken. Die Bewohner der Borealen Zone sind mit dieser Problematik vertraut, da die Oberschichten des Permafrostbodens Gebietsweise im Sommer einige Decimeter bis Meter aufdauchen. Eine Verstärkung dieses Effekts wäre dennoch Problematisch.

Anthropogene Eingriffe dürften aber mehr Auswirkungen auf die zonalen Gegebenheiten haben, als die Erwärmung des Klimas. Durch Waldrodung ohne Aufforstung und anschließender industrieller oder landwirtschaftlicher Nutzung wird mehr Kohlendioxid freigesetzt als bei Waldbränden mit nachfolgender natürlicher Sukzession. Durch Plantagenartige Aufforstung der Wälder, welche keine Differenzierung in Alter und Artenzusammensetzung mehr durchläst, kommt es zu einer starken Verarmung der Biodiversität. Auf Grund der zuneige gehenden Rohstoffe und Energieträgern wird es zu einer verstärkten und aufwendigen Erschließung schwer erreichbarer Gebiete der Borealen Zone kommen. Dies wird auch Auswirkungen auf die Vegetation haben.

Literaturverzeichnis

Bücher:

VENZKE, J.F., 2008: Die Borealis. Die Zukunft der nördlichen Wälder. WBG (Wissenschaftliche Buchgesellschaft), Darmstadt, S. 1 – 180

TRETER, U., 1993: Die Borealen Waldländer – Das Geographische Seminar. Westermann Schulbuchverlag GmbH. Braunschweig, S. 1 – 210

BRATZ, F., 1950: Alaska, Geographische Handbücher. K.F. Koehler Verlag, Stuttgart, S. 1 – 384

HINTZSCHE, W., NICKOL, T., (Hrsg..) 1997: Die große Nordische Expedition. Georg Wilhelm Steller (1709 – 1746); ein Lutheraner erforscht Sibirien und Alaska. Justus Perthes Verlag Gotha, S. 255 - 300

ZONNEVELD, I., 1995: Land Ecology. An Introduction to Landscape Ecology as a base for Land Evaluation, Land Managment and Conservation. SPB Academic Publishing, Amsterdam, p. 1 – 199

SCHULTZ, J., 2005: The Ecozones of the World. The Ecological Divisions of the Geosphere. Springer Publishing, p. 1 – 252

SCHULTZ, J., 1995: Die Ökozonen der Erde. Die ökologische Gliederung der Geosphäre. Verlag Eugen Ulmer, Stuttgart, S. 1 – 535

VENZKE, J.F., STEINECKE, K. (Hrsg.), 2001: Quo vadis Borealis. Kolloquiumsbeiträge zum Zustand und zur Zukunft der borealen Landschaftszone. - Bremer Beiträge zur Geographie und Raumplanung 37, Bremen, S. 1 – 131

Zeitschriften:

TRETER, U., 2000: Rolle der borealen Wälder im globalen CO_2-Haushalt. Eine ökosystemare Analyse. In: Geographische Rundschau, Band 52, Heft 12, S. 4 -11

TRETER, U., 1990: Die borealen Waldländer – ein physisch-geographischer Überblick. In: Geographische Rundschau, Band 42, Heft 7/8, S. 372 – 381

SCHWEINGRUBER, F.H., 2000: Jahrringforschung und Klimawandel in den borealen Wäldern. In: Geographische Rundschau, Band 52, Heft 12, S. 50 – 55

TRETER, U.,1990: Holzvorrat und Holznutzung in den borealen Waldländern. In: Geographische Rundschau, Band 42, Heft 7/8, S 382 - 385

VENZKE, J.F., 1994: Zur Ökologie und Gefährdung der borealen Landschaftszonen. In Essener Geographische Arbeiten, Band 25

VENZKE, J.F., 2006: Südalaska, Natur- und wirtschafsräumliche Dynamik am Nordrand des Pazifiks. In Geographische Rundschau, Band 58, Heft 9, S. 38 - 45

Internet:

RAGNAR NIKOLAS RADEMACHER, Dezember 2009, Alaska, The last Frontier, http://www.alaska-info.de/_alaska.htm

GREENPEACE, Dezember 2009, Borealer Waldgürtel – größtes Waldökosystem, http://www.greenpeace.ch/fileadmin/user_upload/Downloads/de/Wald/2005_Bro_BorealerWaldguertel.pdf

NATIONAL PARK SERVICE, U.S. Department of the Interior, Dezember 2009, Alaska, http://www.nps.gov/state/ak/index.htm

www.ingramcontent.com/pod-product-compliance
Lightning Source LLC
Chambersburg PA
CBHW062343220526
45469CB00008B/2823